BEI GRIN MACHT SICH IHR WISSEN BEZAHLT

- Wir veröffentlichen Ihre Hausarbeit, Bachelor- und Masterarbeit

- Ihr eigenes eBook und Buch - weltweit in allen wichtigen Shops

- Verdienen Sie an jedem Verkauf

Jetzt bei www.GRIN.com hochladen und kostenlos publizieren

Sven-David Müller

Obst und Gemüse sind gesund - oder?

Was ist besser: Obst, Gemüse oder Vitaminpräparate?

GRIN Verlag

Bibliografische Information der Deutschen Nationalbibliothek:

Die Deutsche Bibliothek verzeichnet diese Publikation in der Deutschen National-
bibliografie; detaillierte bibliografische Daten sind im Internet über http://dnb.d-
nb.de/ abrufbar.

Impressum:

Copyright © 2012 GRIN Verlag GmbH
Druck und Bindung: Books on Demand GmbH, Norderstedt Germany
ISBN: 978-3-656-24055-6

Dieses Buch bei GRIN:

http://www.grin.com/de/e-book/197941/obst-und-gemuese-sind-gesund-oder

Obst und Gemüse sind ein wertvoller Bestandteil der Ernährung

Warum Obst und Gemüse so gesund sind – kann Obst und Gemüse durch Vitamin-Präparate ersetzt werden?

von Sven-David Müller

Obst und Gemüse sind ein wertvoller Bestandteil der Ernährung
Warum Obst und Gemüse so gesund sind – kann Obst und Gemüse durch Vitamin-Präparate ersetzt werden?

von Sven-David Müller

Wir essen viel zu wenig Gemüse und Obst!
Dass der Verzehr von Gemüse und Obst einen wertvollen Beitrag zur Erhaltung der Gesundheit und zur Vorbeugung von Krankheiten leistet, ist nicht erst seit gestern bekannt. Trotzdem zeigen Statistiken alarmierende Werte beim Gemüse- und Obstverbrauch der deutschen Bevölkerung: Wir essen zu wenig Gemüse und Obst. Zwar stieg der Gemüseverbrauch laut dem aktuellen Ernährungsbericht aus dem Jahre 2004 des Bundesministeriums für Ernährung, Landwirtschaft und Forsten (BMELF) seit 1999 von 88,8 Kilogramm pro Kopf und Jahr auf 90,5 Kilogramm im Jahr 2002 an, dies ist jedoch immer noch viel zu wenig. Ideal wäre ein Gemüseverbrauch von 240 Kilogramm pro Kopf und Jahr, das entspricht einer täglichen Zufuhr von 650 bis 660 Gramm.

Erheblich besser verhält es sich laut Ernährungsbericht mit dem Obstverbrauch in Deutschland: Im Jahr 2002 verbrauchte jeder Deutsche etwa 128 Kilogramm Obst, ein Wert, der gerade die wünschenswerte Mindestmenge von 350 Gramm pro Kopf und Tag abdeckt. Es ist dabei allerdings wichtig zu betonen, dass der Verbrauch keinesfalls mit dem Konsum gleichzusetzen ist – die angegebenen Werte umfassen nur die auf dem Markt abgesetzte Menge. Faules oder in den Haushalten nicht verwendetes und gegessenes Gemüse und Obst muss theoretisch abgezogen werden. Letztlich erreichte den von diversen Gesundheitsorganisationen formulierten SOLL-Wert für den Gemüse- und Obstverbrauch keine untersuchte Personengruppe, selbst wenn alle Gemüse- und Obstprodukte neben den frischen Lebensmitteln mit einbezogen wurden, so die nüchterne Analyse der Autoren des Ernährungsberichts 2004. Deswegen ist es Ziel dieser Broschüre, die ausschließlich positiven Aspekte eines hohen Gemüse- und Obstkonsums aufzuzeigen, Wege zu einem diesbezüglich geänderten Konsumverhalten zu ebnen und so einen Beitrag zu einer gesünderen Gesellschaft zu leisten.

**Übersicht: Verbrauch und tatsächlicher Verzehr von Gemüse und Obst in Deutschland**

	Verzehr (Gramm pro Tag und Kopf)	Verbrauch (Gramm pro Tag und Kopf)		
		IST	SOLL	Mehrbedarf
Gemüse	140	248	650-660	402- 412
Obst	96 (Männer) 112 (Frauen)	350	350	individuell unterschiedlich

Um Krankheiten des Herz-Kreislauf-Systems, Übergewicht, Diabetes mellitus Typ 2, Bluthochdruck und Krebs wirksam vorzubeugen, ist ein täglicher Gemüse- und Obstverzehr von etwa einem Kilogramm (hier ist die ungeschälte und ungeputzte Frischware gemeint) unerlässlich. Um diese Menge zu erreichen, muss vor allem der Gemüseverzehr erheblich ansteigen. Hier können wir einiges von der Bevölkerung des Mittelmeerraumes lernen: Franzosen, Italiener, Türken oder Griechen genießen etwa doppelt so viel Gemüse und Obst wie wir Nordeuropäer! Des Weiteren ist im Mittelmeerraum verarbeitetes Gemüse eindeutig weniger beliebt als frisches, knackiges

Gemüse und Obst. Daneben kommt Gemüse und Obst am Mittelmeer meist roh und selten gekocht auf den Tisch! Der Effekt ist unverkennbar: Übergewicht und Todesfälle durch Herz-Kreislauf-Krankheiten oder Krebs treten in den Ländern des Mittelmeerraumes deutlich seltener auf als bei uns. Auch das Verhältnis von verzehrtem Gemüse zu Obst stimmt hierzulande nicht: Der Schwerpunkt sollte auf dem Gemüseverzehr liegen. Derzeit liegt er, wie oben gezeigt, eindeutig auf dem Obstverzehr.

Warum verzichten wir so oft auf die schmackhaften Fitmacher?
Natürlich: Es ist viel einfacher, abends schnell eine Pizza in den Ofen zu schieben, als sich vor dem Essen noch mit angeblich langwierigen Putz-, Schäl- und Kochaktionen zu beschäftigen. Es ist wohl auch so, dass Gemüse und Obst eine Art „Hausfrauen-" beziehungsweise „Ökoflair" umschwebt. Scheinbar ist es schicker, sich für die Mittagspause einen Schokoriegel mitzunehmen als „fürchterlich" gesundes Grünzeug, das am besten noch stilgerecht in einer Frischhaltebox verpackt ist. Dies suggeriert jedenfalls die Werbung. Leider sind es oft Männer, die dem „Hasenfutter" nicht besonders viel abgewinnen können, weil es angeblich nicht satt macht und immer gleich fade schmeckt. Es ist jedoch mit Sicherheit einen Versuch wert, sich einmal auf dem Wochenmarkt umzuschauen oder die Gemüse- und Obstabteilung in einem Supermarkt aus der Nähe zu betrachten. Hier sind viele Gemüse- und Obstsorten zu entdecken, die man vielleicht noch nie gesehen, geschweige denn probiert hat. Die persönlichen Favoriten warten sicherlich in einem der Regale! „Blindes" nach rechts und links Greifen, nur um aus Gewohnheit bestimmte Lebensmittel in den Wagen zu legen sind Einkaufsmuster, die längst antiquiert sind. Es ist ein Erlebnis, durch eine gut sortierte Gemüse- und Obstabteilung zu schlendern und Farben, Formen und Gerüchen eine Chance zu geben: Buchstäbliches Wellness für die Sinne! Vielleicht lässt sich auf diesem Wege auch mit dem alten Gerücht aufräumen, Gemüse und Obst wäre zu teuer. Beim Preisvergleich zwischen Fleisch, Milchprodukten, Fertiggerichten und Gemüse beziehungsweise Obst fällt auf, dass die pflanzlichen Lebensmittel gegenüber den tierischen Lebensmitteln und Fertigprodukten wahre Schnäppchen sind. Und, nicht zu vergessen: Der Gemüse- und Obstkauf wirkt sich nicht nur positiv auf den Geldbeutel aus, sondern auch die Gesundheit kann nur davon profitieren. Einem preisbewussten Einkäufer wird auffallen, dass beispielsweise Erdbeeren im Winter viel teurer sind als im Sommer. Dies ist so, weil sie im Winter aus südlicheren Ländern importiert werden müssen. Dabei verlieren sie allerdings an Geschmack und Qualität, weswegen sich der Griff zu regionalem Gemüse und Obst nicht nur aus finanziellen, sondern auch aus geschmacklichen und gesundheitlichen Gründen lohnt.

Warum Gemüse und Obst? Die Vorteile auf einen Blick!

a) Gemüse und Früchte können durch das Zusammenspiel ihrer Inhaltsstoffe das Risiko, an chronischen Krankheiten des Herz-Kreislauf-Systems, Krebs und vermutlich sogar grauem Star oder Alzheimer zu erkranken, effektiv senken. An den Folgen chronischer Krankheiten des Herz-Kreislauf-Systems wie Herzinfarkten oder Schlaganfällen sterben in den westlichen Industrienationen die meisten Menschen; in Deutschland waren es 2003 nach Angaben des statistischen Bundesamtes etwa 397.000 Todesfälle. Den „Massenmörder Herz-Kreislauf-Krankheit" verursachen unter anderem ansteigende und hohe Cholesterinwerte, ein hoher Blutdruck und zu wenig Bewegung. Frisches Gemüse und knackiges Obst ist völlig cholesterinfrei und hilft so, den beim Arzt durch alarmierend schlechte Blutwerte hervorgerufenen Schock zu vermeiden. Des Weiteren stellt selbst der Verzehr großer Mengen Gemüse und Obst für Dauerläufe im Wald oder ausgiebige Spaziergänge kein Problem dar, denn ein Völlegefühl stellt sich nicht ein und der Blutzuckerspiegel bleibt über lange Zeit hinweg auf einem konstanten Niveau. Ein beweglicher Lebensstil, der reichlich Gemüse und

Obst auf dem Speiseplan enthält, garantiert ergo einen niedrigen Blutdruck und erhält Herz und Kreislauf kräftig und belastbar.

Krebs ist nach den Herz-Kreislauf-Krankheiten in Deutschland die zweithäufigste Todesursache. 2003 starben in Deutschland etwa 215.000 Menschen an bösartigen Tumoren. Nach einhelliger Expertenmeinung sind nicht nur krebserregende Umwelteinflüsse, sondern auch die mangelhafte Zufuhr schützender Stoffe (so genannter Antioxidantien), die in Gemüse und Obst reichlich vorhanden sind, schuld an diesem Zustand. In letzter Zeit ist um die krebsschützende Wirkung, die Ernährungsexperten Gemüse und Obst zuschreiben, eine heftige Diskussion entbrannt. Die aktuellen Ergebnisse der EPIC- (European Investigation into Cancer and Nutrition) Studie der International Agency for Research on Cancer, einem Organ der Weltgesundheitsorganisation WHO, zeigten auf, dass das vermutete krebsschützende Potential von Gemüse und Obst geringer ist, als bisher von der Fachwelt angenommen. Dies betrifft allerdings ausschließlich hormonabhängige Krebsformen wie beispielsweise Brust- oder Prostatakrebs. Die schützende Wirkung der pflanzlichen Alleskönner gegenüber bösartigen Tumoren im Magen-Darm-Trakt, in Atmungsorganen, der Blase und den Nieren wurde von der EPIC-Studie bestätigt und unterstützt! Das Deutsche Institut für Ernährungsforschung (DIfE) in Potsdam-Rehbrücke bewertet die Diskussion folgendermaßen: Trotzdem (und gerade weil) die positiven, schützenden Wirkungen von Gemüse und Obst gegenüber Erkrankungen des Herz-Kreislauf-Systems eindeutiger bewiesen sind als die gegenüber bösartigen Krebserkrankungen, sollte eine Steigerung des Gemüse- und Obstverzehrs auf das Niveau Spaniens oder Griechenlands das Ziel sein. Denn: Auch wenn die schützende Wirkung von großen Mengen Gemüse und Obst gegenüber einigen wenigen Krebsarten nicht ausreichend bewiesen ist, bietet die bloße Möglichkeit, dass doch ein Schutz von ihnen ausgeht Grund genug, sich an den grünen Wundern satt zu essen – es besteht ja keine Gefahr einer „Überdosierung"!

b) Egal, wie viel davon gegessen wird: Gemüse und Obst macht nicht dick. Im Gegenteil: Da es sich durch einen hohen Wasser- und Faserstoffgehalt auszeichnet, macht es zügig satt und infolge dessen auf natürliche Weise schlank. Ein mit leckerem Gemüse und frischen Früchten gefüllter Magen knurrt nicht und der obligatorische Griff nach klebrigen oder fettigen Kalorienbomben entfällt immer öfter. Dies ist ein wichtiger Punkt, der angesichts des immensen Übergewichtsproblems in Deutschland zunehmend an Bedeutung gewinnt: Laut Ernährungsbericht 2004 sind etwa 65 Prozent der Männer und etwa 55 Prozent der Frauen übergewichtig. Ein Beispiel für den idealen, gesundheitsfördernden Hungerstiller für zwischendurch ist Obst in Verbindung mit Joghurt, da diese Kombination Energie bereitstellt, die vom Körper rasch aufgenommen werden kann und außerdem wichtige Inhaltsstoffe liefert. Außerdem ist zu erwähnen, dass das durch Gemüse und Obst erzeugte Sättigungsgefühl durch die enthaltenen Nahrungsfasern besonders lange anhält, denn Nahrungsfasern sorgen für einen konstanten Blutzuckerspiegel über einen längeren Zeitraum hinweg. Verschiedene Gemüse- und Obstsorten umfassen ein breites Spektrum an Wirk- und Vitalstoffen: Vitamine, Mineralstoffe, Nahrungsfasern und sekundäre Pflanzenstoffe sind *in optimaler Kombination* enthalten. Ein Beispiel: Gemüse und Früchte liefern 77 Prozent des aufgenommenen Vitamin C, aber nur 12 Prozent der Gesamtenergie. Folglich hat Gemüse und Obst die höchsten *Wirkstoffdichten* unter allen Lebensmittelgruppen, das heißt, *sie haben in Bezug auf ihren Kaloriengehalt den höchsten Anteil an lebenswichtigen Wirkstoffen*

Übersicht: Die Brennwerte von einigen Gemüse- und Obstsorten im Vergleich zu anderen Lebensmitteln

Lebensmittel	Brennwert pro 100 Gramm in Kilokalorien
Tomate	17
Möhre	21
Brokkoli	28
Wassermelone	38
Apfel	52
Weintraube	71
Banane	92
Leberwurst	330
Gouda	420
Butterkekse	480
Schokolade	536
Butter	741

c) Diabetiker profitieren vom Gemüse- und Obstkonsum. Die Darmwand nimmt Kohlenhydrate durch die in Gemüse und Obst enthaltenen Nahrungsfasern verzögert auf. So steigt der Blutzuckerspiegel nicht abrupt, sondern allmählich an, was den Diabetiker bei der optimalen Einstellung seines Blutzuckerspiegels in idealer Weise unterstützt.

d) Gemüse und Obst optimieren die Verdauung. Ebenfalls durch die Nahrungsfasern wird Verstopfungssymptomen und Hämorrhoidenbildung vorgebeugt, eine gesunde Darmflora erhalten und der Cholesterinspiegel gesenkt. Weiterhin schützen die Nahrungsfasern die Darmwände vor in den Lebensmitteln vorhandenen oder während der Zubereitung entstandenen, krebserregenden Schadstoffen. Als Grund hierfür benennen Ernährungsexperten die größere Stuhlmasse, die durch das starke Quellvermögen der Nahrungsfasern entsteht. So können die Schadstoffe weniger konzentriert mit den Darmwänden in Verbindung treten.

Fazit: Der Genuss von Gemüse und Obst steigert die Lebensqualität durch seine vielfältigen positiven Auswirkungen auf die menschliche Gesundheit und hebt dadurch die Stimmung.

Gemüse und Obst: Die prallen Wirkstoffcocktails
Das, was Gemüse und Obst so wertvoll für uns und unsere Gesundheit macht, sind die wichtigen darin enthaltenen Wirkstoffe: Reichlich Vitamine, Mineralstoffe, Nahrungsfasern und sekundäre Pflanzenstoffe. Diese Substanzen sind in unserem Körper an lebenswichtigen Funktionen wie der Zellteilung, zahlreichen Stoffwechselvorgängen oder der Verdauung maßgeblich beteiligt und beugen schweren Erkrankungen wie Herz-Kreislauf-Krankheiten, Diabetes mellitus Typ 2, Bluthochdruck, Fettstoffwechselstörungen und sogar Krebs vor. Solange sich Zellen auf gesunde Art und Weise teilen, kann kein Krebs entstehen, denn der Auslöser für die bösartigen Tumore ist bekanntlich eine übermäßige und unkontrollierte Zellvermehrung (Zellmutation). Neben den Pluspunkten für die Gesundheit nun ein weiterer für die Schönheit: Wirkstoffverwöhnte Hautzellen sorgen für ein frisches und strahlendes Aussehen bis ins hohe Alter. Und auch alle anderen mit den Wirkstoffen aus Gemüse und Obst reichlich versorgten Körperzellen garantieren eine einwandfreie Funktionsfähigkeit des Organismus auch von Senioren.

Die Lebensnotwendigen: Vitamine
Wir sind auf eine regelmäßige Zufuhr von Vitaminen angewiesen, da sie für unseren Stoffwechsel unentbehrlich sind und unser Körper nicht oder nur unzureichend in der Lage ist, diese Substanzen selbst herzustellen. Ernährungswissenschaftler unterscheiden zwischen fett- und wasserlöslichen Vitaminen.

Fettlösliche Vitamine: Vitamine E, D, K und A
In größeren Mengen sind fettlösliche Vitamine hauptsächlich in tierischen Produkten „gelöst", aber auch in pflanzlichen Lebensmitteln ist diese Gruppe von Vitaminen vertreten.

Vitamin E schützt die Zellmembranen vor Umwelteinflüssen, die in der Zelle schädigende, von Wissenschaftlern „freie Radikale" genannte Verbindungen erzeugen. So bewahrt Vitamin E die Membranen vor unnatürlichen chemischen Veränderungen, die Krebs auslösen können. Diese Veränderungen nennen Wissenschaftler Oxidation der Membranen, weswegen Vitamin E (wie auch andere Wirkstoffe, die diese Wirkung ebenfalls entfalten) als Antioxidans bezeichnet wird. Hochwertige, kaltgepresste Pflanzenöle wie beispielsweise Rapsöl (welches auch wegen seines überaus günstigen Fettsäuremusters positive Gesundheitswirkungen aufweist) sowie Nüsse und Kerne enthalten große Mengen Vitamin E.

Vitamin D wird hauptsächlich aus Cholesterin in der Haut gebildet und spielt eine wichtige Rolle bei der Kalziumaufnahme aus der Nahrung. Es ist somit indirekt am Knochen- und Zahnstoffwechsel beteiligt und beugt Osteoporose vor. Neuere Erkenntnisse zeigen, dass Vitamin D auch eine zentrale Rolle im Muskel spielt. Schon ein zweimaliger 30minütiger Aufenthalt im Freien pro Woche reicht dem Körper aus, um genügend Vitamin D zu produzieren. Trotzdem ist es - besonders in unseren Breitengraden - während der lichtarmen Wintermonate sinnvoll, Vitamin D zusätzlich von außen zuzuführen (siehe Kapitel 8). Dies gilt vor allem für Personen, die sich nur wenig im Freien aufhalten, beispielsweise ältere oder kranke Personen, bei denen zusätzlich die entsprechende Enzymaktivität in der Haut altersbedingt abnimmt. Eine ausreichende Vitamin D-Versorgung ist hier besonders wichtig, da sie einen notwendigen Schutz vor Osteoporose bietet. Auch Säuglinge und Kinder, die einen Großteil des Tages in geschlossenen Räumen verbringen („Computer-Kids") sowie verschleierte Menschen gehören zu den Risikogruppen für einen Vitamin D-Mangel. Enthalten ist Vitamin D in Fisch, Fleisch und vielen Pilzarten.

Vitamin K ist notwendig für die Blutgerinnung und hat ebenfalls positiven Einfluss auf den Knochenstoffwechsel. Grüne Gemüse wie frischer Mangold, Blattspinat, Porree, Grünkohl und Brunnenkresse sind reich an Vitamin K.

Vitamin A ist in hohem Maße am Sehvorgang und der Zellneubildung, -teilung und – regeneration, besonders in Haut und Schleimhäuten, beteiligt. Durch Letzteres erhöht es die Widerstandskraft des Körpers gegenüber Infektionskrankheiten. Außerdem hat es einen großen Einfluss auf das Wachstum von Skelett sowie Organen von Ungeborenen und gilt, wie Vitamin E, als wirksames Antioxidans. Vitamin A ist hauptsächlich in tierischen Lebensmitteln enthalten. Vor allem Leber enthält große Mengen Vitamin A, da sie das Speicherorgan für dieses Vitamin ist. Seine Vorstufen (Provitamine A), die Karotinoide, kommen ausschließlich in Pflanzen vor. Sie können im Darm zu Vitamin A umgewandelt werden, haben aber auch selbst eine nachgewiesen positive Wirkung auf den Organismus. Im Gegensatz zu tierischem Vitamin A, das in hohen Mengen Vergiftungen und sogar Missbildungen bei Ungeborenen hervorrufen kann, können die rein pflanzlichen Karotinoide nicht überdosiert werden, da sie im Falle eines Überschusses vom Organismus ausgeschieden werden. Rotes und gelbes Gemüse und Obst wie Karotten, Paprika und Aprikosen ist reich an Karotinoiden. Prinzipiell ist eine ausgeprägte Farbe bei Gemüse und Obst Gradmesser für die Wertigkeit: Je farbiger ein Gemüse oder eine Frucht ist, desto mehr wichtige Inhaltsstoffe sind enthalten.

<u>Wasserlösliche Vitamine, die häufig in Obst und Gemüse enthalten sind:</u>
Vitamin C (Ascorbinsäure) ist das mengenmäßig wichtigste Vitamin, das unserem Organismus täglich von außen zugeführt werden muss. Vitamin C ist ebenfalls (wie die Vitamine E und A) ein wichtiges Antioxidans und beugt so Zellschäden und sogar Krebserkrankungen vor. Außerdem wandelt es das Vitamin E, nachdem dieses schädliche freie Radikale abgefangen hat, in seine ursprüngliche, aktive Form um. So kann Vitamin E wieder als Radikalfänger wirken. Vitamin C ist fast ausschließlich in pflanzlichen Lebensmitteln enthalten: rote Paprika, Kohlgemüse, Brokkoli, Beerenobst sowie die Kartoffel sind hervorragende Vitamin C- Spender. Falls Obst als Vitamin C- Lieferant nicht infrage kommt, ist eine ausreichende Vitamin C- Versorgung auch über Gemüse möglich!

Biotin ist an den wichtigsten Stoffwechselprozessen im Körper sowie dem Zellwachstum beteiligt. Es unterstützt in hohem Maße die Gesunderhaltung von Haaren und Nägeln und ist deswegen ein regelrechtes Schönheitsvitamin. Besonders biotinreich sind Sojabohnen, Linsen, Blumenkohl und Champignons.

Pantothensäure ist wohl das Vitamin, dem die weitestreichende Wirkung im Organismus zufällt: Es ist Bestandteil des Coenzym A, das an unzähligen Stoffwechselprozessen im Körper beteiligt ist. Pantothensäure ist in fast allen Lebensmitteln in Spuren enthalten, in größerer Konzentration aber in Nüssen, Kernen, Hülsenfrüchten sowie verschiedenen Pilzarten.

Die ***Folsäure*** hat Bedeutung in Bezug auf Zell- und Blutbildung sowie auf die Produktion von Nukleinsäuren, die die Erbinformationen tragen. Sie spielt außerdem eine wichtige Rolle bei der Vorbeugung von Herz-Kreislauf-Krankheiten. Folsäure ist vorwiegend in grünen Blattgemüsen vorhanden: „Folium" ist das lateinische Wort für Blatt. Spinat, alle Salate, Kohlsorten, Tomaten sowie Orangen enthalten reichlich Folsäure. Es ist allerdings aufgrund der Empfindlichkeit des Vitamins gegenüber Licht, Sauerstoff und Hitze über die Nahrung kaum möglich, täglich eine ausreichende Folsäuremenge aufzunehmen. Deswegen ist eine tägliche Einnahme von Präparaten, die Folsäure enthalten, durchaus sinnvoll. Dies ist aufgrund der stark erhöhten Zellteilungsrate besonders wichtig für Schwangere oder Stillende, aber auch für diejenigen Frauen, die sich im gebärfähigen Alter befinden oder einen Kinderwunsch hegen (siehe Kapitel 8). Frauen, die schwanger werden, während sie nur mangelhaft mit Folsäure versorgt sind, riskieren schwere Missbildungen des Neugeborenen (Neuralrohrdefekte). Außerdem beweisen Studien, dass durch einen Mangel an Folsäure, Vitamin B6 und Vitamin B12 die Konzentration an Homocystein in den Zellen ansteigt. Eine erhöhte Homocysteinkonzentration ist, ähnlich wie das Rauchen von Tabak, ein ernst zu nehmender Risikofaktor für die Entstehung von Herz-Kreislauf-Krankheiten.

Vitamin B6 (Pyridoxin) ist am Aufbau von körpereigenen Eiweißen wie beispielsweise den Muskeln, an der Zellteilung und an der Bereitstellung von Energie im Stoffwechsel beteiligt. Vitamin B6 ist in Avocados, Bananen, Kartoffeln und Vollkornprodukten reichlich enthalten. Weitere wasserlösliche Vitamine sind Vitamin B1 (Thiamin), Vitamin B2 (Riboflavin), Vitamin B12 (Cobalamin) und Niacin. Allerdings kommen diese meist in Fleisch-, Milch-, oder Fischprodukten vor, weswegen fettarme tierische Produkte auf einem ernährungsphysiologisch sinnvollen Speiseplan nicht fehlen dürfen (siehe Kapitel 6).

Vitamin	Löslichkeit	Enthalten in
Vitamin E	fettlöslich	Pflanzenöl, Nüssen, Kernen
Vitamin D	fettlöslich	Fisch, Fleisch, vielen Pilzarten
Vitamin K	fettlöslich	Grünem Blattgemüse
Vitamin A	fettlöslich	Leber, Karotinoide in rotem und gelbem Gemüse und Obst
Vitamin C	wasserlöslich	Paprika, Kohlgemüse, Brokkoli, Beerenobst
Biotin	wasserlöslich	Sojabohnen, Linsen, Blumenkohl, Champignons
Pantothensäure	wasserlöslich	Nüsse, Kerne, verschiedene Pilzarten, Hülsenfrüchte
Folsäure	wasserlöslich	Spinat, Salate, Kohlsorten, Tomate, Orange
Vitamin B6	wasserlöslich	Avocados, Bananen, Kartoffeln
Vitamin B1	wasserlöslich	Diese Vitamine sind meist in Fleisch-, Fisch-, oder Milchprodukten enthalten!
Vitamin B2	wasserlöslich	
Vitamin B12	wasserlöslich	

Die Aufbauenden und Regulierenden: Mineralstoffe

Die in Gemüse und Obst reichhaltig vorhandenen Mineralstoffe werden vom Organismus zum Aufbau körpereigener Substanz, beispielsweise Knochengewebe und Zähne, benötigt. Sie sind aber ebenso wichtig, um die im Körper bestehenden Gleichgewichtsverhältnisse wie Blutdruck oder Wasserverteilung sowie zahlreiche Stoffwechselfunktionen aufrecht zu erhalten. Außerdem spielen Mineralstoffe eine wichtige Rolle bei der Reizübertragung von den Nerven an die Muskeln. Je nach Bedarf und Vorkommen unterscheidet man die Mineralstoffe in Mengen- und Spurenelemente. Die wichtigsten Mengenelemente in Gemüse und Obst sind Kalzium, Kalium, Magnesium und Phosphor; Eisen, Selen und Mangan sind die Hauptvertreter der Spurenelemente.

Mengenmäßig gesehen ist *Kalzium* der wichtigste Mineralstoff im Organismus. Es ist zu 99,5 Prozent in Knochen und Zähnen gespeichert und ermöglicht (unter anderem) im Zusammenspiel mit anderen Mineralien die Reizleitung von Nerv zu Muskel. Kalziumreich sind vor allem Brunnenkresse, Grünkohl, Spinat und Brokkoli. Hülsenfrüchte, Spinat, Grünkohl, Fenchel, Kartoffeln, Bananen, Tomaten und Honigmelonen enthalten reichlich *Kalium*, das ebenfalls notwendig für das optimale Zusammenspiel von Nerven und Muskeln ist. Pflanzliche Kost enthält im Verhältnis zu anderen Lebensmittelgruppen die größten Mengen an *Magnesium*: Vor allem Sojabohnen, Gemüse und Nüsse sind reich an diesem Mineralstoff. Hauptsächlich ist

Magnesium an der zellulären Energie-gewinnung, dem Aufbau von Eiweißen, der Zellteilung und der Steuerung von Muskeln und Nerven beteiligt.

Phosphor dient den Zellen zur Gewinnung sowie Speicherung von Energie und zur Knochenbildung. In eiweißreichem Gemüse wie Linsen, Erbsen und Bohnen ist Phosphor ein wichtiger Bestandteil.

Eines der wichtigsten Spurenelemente ist *Eisen*. Es ist unverzichtbar für den Transport von Sauerstoff in die Zellen, die Herstellung von Transporteiweißen im Blut sowie für verschiedene Entgiftungsreaktionen. Unter den Gemüsen sind Linsen, Kichererbsen, Pfifferlinge, Spinat und Topinambur am eisenreichsten; beim Obst sind es die Beerenfrüchte. Vitamin C steigert die Aufnahme von Eisen im Darm um ein Vielfaches, weswegen es von der Natur durchaus sinnvoll war, frischem Gemüse und Obst außer mit Eisen auch einen hohen Vitamin C-Gehalt zu versehen. Die Aufnahme von Eisen aus tierischen Produkten erfolgt allerdings viel leichter als aus pflanzlichen – trotz des in Pflanzen enthaltenen Vitamin C´s.

Selen ist nötig für den Aufbau von Enzymen, die die Zellen vor dem Angriff der „freien Radikalen" (s.o.) schützen – es ist also ein wichtiger Schutzfaktor vor Krebs und Herz-Kreislauf-Krankheiten, Augenkrankheiten, Alzheimer und Parkinson. Kokosnüsse sind wahre Selenbomben!

Mangan ist ein Spurenelement, das heißt, es kommt nur in sehr geringen Mengen im Körper vor. Trotzdem ist seine Wichtigkeit für den Organismus in Bezug auf die Blutgerinnung, die Knochenbildung oder als Antioxidans nicht zu unterschätzen. Besonders reiche Manganquellen sind Blaubeeren, schwarze Johannisbeeren, Rote Bete und Hülsenfrüchte.

Die Unterstützer: Nahrungsfasern (Ballaststoffe)
Die Nahrungsfasern sind die Bestandteile der pflanzlichen Lebensmittel, die vom menschlichen Verdauungssystem nicht direkt verwertet werden können. Daher liefern sie praktisch keine Energie, ein Traum für jeden Abnehmwilligen. Nahrungsfasern besitzen ein hohes Wasserbindungsvermögen. Die Bezeichnung „Ballaststoffe" stammt noch aus der Zeit, in der sie gemeinhin – wegen der fehlenden Verwertbarkeit – als überflüssig galten. Jedoch stellte man schon während der 60er Jahre in Studien fest, dass Länder mit hohem Gemüse- und Obstkonsum (also hohem Nahrungsfaserkonsum) eine weitaus geringere Verbreitung von Krebsarten des Verdauungssystems zeigten, als die Staaten, in denen Nahrungsfasern keine große Rolle bei der Ernährung spielten. Weitere Studien, die den Gesundheitswert von Nahrungsfasern hinterfragten, folgten und führten zu einer Neubewertung derselben durch die Ernährungswissenschaft. Nahrungsfasern haben demnach vielfältige positive Effekte auf den Organismus:

1) Sie fördern eine schnellere und leichtere Verdauung
und wirken somit Verstopfungssymptomen und Hämorrhoidenbildung entgegen.
2) Insbesondere die präbiotischen Nahrungsfasern sorgen für eine gesunde Darmflora. Die im Darm lebenden gesundheitsförderlichen Bakterien, beispielsweise Bifido-bakterien, vermehren sich stärker in Anwesenheit von diesen präbiotischen Nahrungsfasern. Sie sind reichlich in Artischocken, Topinambur, Zwiebeln und Knoblauch enthalten.
3) Durch den Verzehr von Nahrungsfasern wird ein nachhaltiges Sättigungsgefühl hervorgerufen, das, falls nötig, unterstützend auf die Vorbeugung oder den Abbau von Übergewicht wirken kann.
4) Nahrungsfasern haben aus zwei Gründen eine cholesterinspiegelsenkende Wirkung: Erstens sind Lebensmittel, die einen hohen Nahrungsfaseranteil haben, im Allgemeinen fettarm oder -frei. Personen, die ihren Speiseplan nahrungsfaserreich gestalten, nehmen

daher nicht so viel Fett auf. Dies führt zu einem niedrigen Cholesterinspiegel. Zweitens werden die aus Cholesterin in der Leber produzierten Gallensäuren an Nahrungsfasern gebunden und schneller ausgeschieden: Sie stehen dem Körper somit nicht mehr zur Verfügung. Die Leber benutzt zur Neuproduktion von Gallensäuren „neues" Cholesterin aus dem Blutplasma. Daher der direkt cholesterinspiegelsenkende Effekt.

5) Nahrungsfasern sind für die Ernährung von Diabetikern von großer Bedeutung: Sie verzögern die Aufnahme von Kohlenhydraten, folglich steigt der Blutzuckerspiegel langsamer an. Weiterhin beugen besonders lösliche Nahrungsfasern, die beispielsweise in Kohlgemüse reichlich enthalten sind, Diabetes mellitus Typ 2- Erkrankungen vor.

6) Durch die bakterielle Verstoffwechselung von Nahrungsfasern im Dickdarm stellt sich dort ein saures Milieu ein. Dieses Milieu hemmt körpereigene Eiweiße, die unter Umständen krebserregende Stoffe produzieren können und reduziert somit das Darmkrebsrisiko. Zur Erhaltung der Gesundheit und zur Vorbeugung von Krankheiten würde ein vermehrter Genuss von Gemüse und Obst, das reich an Nahrungsfasern ist, einen wertvollen Beitrag leisten. Die aufzunehmenden Nahrungsfasern sollten zur Hälfte aus Getreide und Getreideprodukten und zur anderen Hälfte aus Hülsenfrüchten, Gemüse und Obst stammen. Hülsenfrüchte sind reich an Nahrungsfasern, sie bestehen bis zu 20 Prozent aus diesen unverdaulichen Bestandteilen. Solche hohen Gehalte an Nahrungsfasern finden sich allerdings nur in getrocknetem Gemüse und Obst (wie beispielsweise Dörrobst), das im Verhältnis zu frischer Ware viel kalorienreicher ist.

Übersicht: Nahrungsfasergehalte einiger Gemüse- und Obstsorten

Sorte	Nahrungsfasergehalt in Gramm pro 100 Gramm Lebensmittel
Birnen	2,8
Brokkoli	3,0
Fenchel	3,3
Rosenkohl	4,4
Himbeeren	4,7
Rote Johannisbeeren	7,4
Getrocknete Bohnen	15,4

Trotz der vielfältigen bekannten positiven Auswirkungen von Nahrungsfasern auf den menschlichen Organismus nehmen die Menschen in den westlichen Industrienationen nur etwa die Hälfte der empfohlenen täglichen Nahrungsfasermenge, nämlich ungefähr 30 Gramm, auf.

Die Alleskönner: Sekundäre Pflanzenstoffe

Pflanzen produzieren sekundäre Pflanzenstoffe als Farb-, Aroma-, Duft- und Abwehrstoffe gegen Schädlinge und Krankheiten. Sie dienen den Pflanzen ebenfalls als Wachstumsregulatoren. Bis zu 100.000 verschiedene sekundäre Pflanzenstoffe werden vermutet. Sekundäre Pflanzenstoffe wirken sich auf unseren Organismus positiv aus, denn sie beugen Herz-Kreislauf- und Krebserkrankungen vor. In Bezug auf die Krebsentstehung lässt sich sagen, dass die sekundären Pflanzenstoffe eine große Rolle als Radikalfänger spielen und so als Zellschützer gelten.

Wir nehmen mit normaler Mischkost etwa zehnmal mehr sekundäre Pflanzenstoffe als antioxidative Vitamine auf! Die wichtigsten Gruppen der sekundären Pflanzenstoffe:

1) Die **Karotinoide** sind Naturfarbstoffe, die in rot- und gelb- gefärbtem Gemüse und Obst vorkommen, also beispielsweise in roter und gelber Paprika, Karotten (Beta-Karotin), Tomaten (Lycopin), Äpfeln und Mais. Viele Karotinoide sind Vorstufen des

Vitamin A und wirken demnach als Antioxidantien vorbeugend gegen Krebs- und Herz-Kreislauf-Erkrankungen.

2) Einen typischen Geschmack und Geruch weisen die *Glucosinolate* auf, die vorwiegend in der Familie der Kreuzblütler vorkommen: Rettich, Senf sowie alle Kohlarten
sind wichtige Vertreter dieser Gattung. Glucosinolate wirken krebsvorbeugend, entzündungshemmend und cholesterin-spiegelsenkend. Verluste entstehen beim Kochen oder Fermentieren der Lebensmittel.

3) *Polyphenole* sind die wahren Alleskönner unter den sekundären Pflanzenstoffen. Sie sind häufig farb- und aromagebende Substanzen und befinden sich vor allem in pflanzlichen Schalen, Blättern und Randschichten. Dort entfaltet sich ihre antioxidative Wirkung: Sie schützen das darunter liegende Pflanzengewebe vor schädlichen Umwelteinflüssen. Diese Schutzfunktion kommt auch dem menschlichen Organismus zu Gute, denn wer reichlich Polyphenole zu sich nimmt, leidet weniger oft an Herz-Kreislauf-Krankheiten oder Krebs. Das Phänomen, dass Bewohner der Mittelmeergebiete deutlich seltener an Herz-Kreislauf-Krankheiten sterben, obwohl verschiedene Risikofaktoren wie Rauchen, Übergewicht sowie erhöhte Blutfettwerte dort gleich weit verbreitet sind wie in der Bevölkerung mitteleuropäischer Länder (französisches Paradoxon), wird der hohen Polyphenolaufnahme über Gemüse, Obst und moderatem Rotweinkonsum zugeschrieben. Polyphenole wirken des Weiteren antibakteriell, entzündungs-hemmend, blutdrucksenkend und stärkend auf das Immun-system. Da durch verschiedene chemische Reaktionen der Polyphenolgehalt in Pflanzen nach der Ernte und bei der Verarbeitung schnell absinkt, empfiehlt es sich, Gemüse und Obst sehr frisch, ungeschält und Säfte möglichst naturtrüb zu genießen. Wer Gemüse in Wasser kocht, kann das Kochwasser für Saucen oder ähnliches weiterverwenden, da sich manche Polyphenole auswaschen. Auch Tees, insbesondere grüner Tee, sind reich an Polyphenolen.

4) Eine zellschützende und risikosenkende Wirkung in Bezug
auf Brust-, Gebärmutterschleimhaut- und Prostatakrebs ist bei *Phytoöstrogenen* zu beobachten, die dem Östrogen (weibliches Geschlechtshormon) strukturell ähneln. Phytoöstrogene sind in Hülsenfrüchten, fermentierten Sojaprodukten, Gemüse und Obst, hier hauptsächlich Beeren, reichlich enthalten.

5) Weitere wichtige Gruppen der sekundären Pflanzenstoffe
sind: Die *Phytosterine*, die durch ihre cholesterinähnliche Struktur eine Senkung des Cholesterinspiegels hervorrufen, die *Terpene*, die zumeist aromatisch riechen und krebsvorbeugend wirken oder die *Sulfide*, die ebenfalls das Krebsrisiko senken und eine entzündungshemmende und antibakterielle Wirkung entfalten.

Sekundärer Pflanzenstoff	Wirkung	enthalten in
Karotinoide	Schutz der Zellmembranen	gelb-, orange- und rotgefärbtem Gemüse und Obst, Eidotter
Glucosinolate	Schutz vor Krebs, antibakteriell, cholesterinspiegel-senkend	Raps, verschiedene Kohlarten, Rettich, Senf
Sulfide	antibakteriell, Schutz vor Krebs, entzündungshemmend	Knoblauch, Lauch, Zwiebeln
Polyphenole	Schutz der Zellmembra-nen, atibakteriell, Schutz vor Krebs, Thrombosen, Entzündungen, blutdrucksenkend	Tee, Weintrauben, naturtrübe Säfte, Beeren, Kirschen
Phytoöstrogene	Senken das Risiko für Gebärmutter-, Brust- und Prostatakrebs	Hülsenfrüchte, Sojaprodukte, Kerne, Beeren
Phytosterine	cholesterinspiegel-senkend	Sonnenblumen- und Sesamkerne, Sojaöl
Terpene	Schutz vor Krebs	Gemüse, Obst, Wein, Gewürze

Abschließend ist noch einmal zu betonen, dass Gemüse und Früchte je nach Sorte höchst unterschiedliche Zusammen-setzungen an Vitaminen, Mineralstoffen, Nahrungsfasern und sekundären Pflanzenstoffen beinhalten. Es ist deshalb wichtig, verschiedene Gemüse- und Obstsorten möglichst abwechslungs-reich in den Speiseplan einzubauen („Regenbogen-Diät"). Eine solche Wirkstoffkombination erhält die Gesundheit, Leistungsfähigkeit und schützt optimal vor Krankheiten.

Warum noch warten und nicht gleich starten? Das tägliche Kilogramm
Es dürfte nicht schwerfallen, bei dem jetzt schon gesammelten Wissen über die geballte Wirkstoffladung in Gemüse und Obst einfach loszulegen. Bereits beim nächsten Einkauf kann die Ära einer den Stoffwechsel in idealer Weise unterstützenden Ernährung beginnen! Die neue Devise lautet: **1 Kilogramm am Tag!**

Eine Erhöhung des täglichen Gemüse- und Obstkonsums auf 1 Kilogramm könnte das weltweite Krebsaufkommen nach Expertenmeinung um bis zu 23 Prozent (!) senken. Diese Erhöhung des Konsums ist eines der wichtigsten modernen Ernährungsziele, welches ähnlich wichtig anzusehen ist wie der Ruf verschiedener Gesundheitsorganisationen nach einem Rauchverzicht. Viele namhafte nationale und internationale Gesundheitsorganisationen, wie beispielsweise die World Health Organization (WHO), propagieren seit Jahren die so genannte „5-am-Tag"-Kampagne. Sie soll die Bevölkerung der reichen westlichen Industrienationen dazu ermuntern, den Gemüse- und Obstkonsum erheblich zu steigern. Der tägliche Genuss von mindestens 5 Portionen Gemüse und Obst, wobei der Schwerpunkt auf dem Gemüseverzehr liegt, ist demnach Basis der optimalen Erhaltung und Förderung der Gesundheit sowie der Vorbeugung schwerer Krankheiten. Ideal wäre nach einhelliger Meinung ein Konsumverhalten, bei dem täglich Gemüse und Obst im Gesamtgewicht von 1 Kilogramm pro Kopf verzehrt würde. Nur ein ungünstiges Essverhalten trennt viele Menschen von Wohlbefinden, einem gesunden (Gewichts-) Gleichgewicht und einem aktiven, ausgefüllten Leben!

Gemüse und Obst sind kalorienarme, preiswerte, schmackhafte und überall einfach zu erwerbende Wirkstoffkonzentrate, deren Wichtigkeit für uns und unsere Gesundheit nicht zu übersehen ist. Letztendlich sind sie viel zu schade, um sie „links liegen" zu lassen!

Täglich ein Kilogramm: So funktioniert es!
„Wie viel ist eine Portion?"
Diese Frage stellt sich bestimmt jede(r) Leser(in), denn wahrscheinlich ist die Definition für „eine Portion" individuell höchst unterschiedlich. Nach der 5-am-Tag Kampagne ergeben 5 Portionen insgesamt ca. 600 Gramm. Einfacher ist jedoch die Regel, dass eine Portion ungefähr jene Menge ist, die in eine Hand passt (z.B. ein Apfel, eine Hand voll Cherry-Tomaten, und so weiter). Natürlich ist es sinnvoll, das tägliche Kilogramm in mehrere kleine Portionen, ähnlich der „5-am-Tag"- Regelung, aufzuteilen. Erstrebenswert wäre es, sechs oder mehr Portionen Gemüse und Obst über den Tag verteilt zu essen. Entscheidend ist, dass während des Tages etwa ein Kilogramm Gemüse und Obst im Magen gelandet ist. Es ist aber auf jeden Fall darauf zu achten, dass der größere Verzehrsanteil durch Gemüse gedeckt wird. Die Abwechslung zwischen verschiedenen Gemüse- und Obstsorten ist so wichtig, damit möglichst viele Substanzen im Organismus ihre positive Wirkung entfalten können. Es sei an dieser Stelle besonders darauf hingewiesen, dass die „Sättigungsbeilagen" Kartoffeln und Hülsenfrüchte, beispielsweise Erbsen, Linsen und Bohnen ebenso wie Tomaten und Co. zu den Gemüsen gehören!

Ein Kilogramm am Tag: Tipps zur Umsetzung
Es ist nicht nötig eine teure Diätwaage anzuschaffen, um an genügend grünen Genuss zu kommen. Wenn es um Gemüse und Obst geht, sollten einfach möglichst große Portionen auf dem Teller landen. Das größte Exemplar, das der Obstkorb zu bieten hat, ist gerade groß genug. Bei Hauptmahlzeiten ist das Fleisch nur die Beilage. Der Salat und das Gemüse inklusive Kartoffeln liegen zum Sattessen auf dem Teller. Mittags in der Kantine zwei Gemüsebeilagen oder eine Gemüse- und Salatbeilage frischen den normalen „Schnitzel-mit-Pommes-Teller" gewaltig auf! Übrigens ist es - auch als Mann – kein Vergehen, stattdessen einen großen Salatteller mit gebratener Putenbrust oder Krabben zu bestellen: Er schmeckt wunderbar und macht fit und konzentrationsfähig für den restlichen Tag.

Täglich zwei Obststücke, die hervorragend in jede Tasche passen, mittags zwei Gemüse- oder eine Salat- und eine Gemüsebeilage und die reichliche Tomaten-, Gurken- oder Paprikagarnierung auf den abendlichen Schnittchen reichen fast schon aus, um den täglichen Bedarf abzudecken. Der Genuss von frisch geschnittenem Obst morgens im Müsli, als Muntermacher zwischendurch oder als Dessert ist ideal. Ein weiterer Vorteil von Obst ist, dass es „die Verpackung schon mitbringt" – das aufwändige Verpacken entfällt! Zum Abend-essen oder vor dem Fernseher schmeckt frisches Gemüse mit Dip außergewöhnlich gut! Im Winter wärmt eine selbst-gekochte Gemüsesuppe herrlich auf. Mit einem Esslöffel Saurer Sahne (zehn Prozent Fett) verfeinert ist sie eine gehaltvolle, lang sättigende und gesunde Hauptmahlzeit. Auch ein Glas Frucht- oder Gemüsesaft stellt eine Portion auf dem persönlichen „Tages- Gemüse- und Obstverzehrs-Konto" dar. Bei näherer Betrachtung ist die Zubereitung von Gemüse und Obst auch nicht wirklich zeitaufwändig: Gemüsesorten wie beispielsweise Paprika und Karotten sind ebenso schnell gewaschen und in Streifen geschnitten, wie eine Pizza in den Ofen geschoben ist. Bei Obst reicht gründliches Waschen schon, und die verzehrsfertige Portion liegt knackig und verführerisch bereit. Ernährungsexperten empfehlen den ganzheitlichen Verzehr von Gemüse und Obst, weil die Schale der Gemüse und Früchte wertvolle Wirkstoffe enthält. Um den täglichen Flüssigkeitsbedarf von wenigstens 1,5 Litern zu decken, ist neben Mineralwasser aufgrund des niedrigeren Kaloriengehaltes das Trinken von Frucht- und Gemüseschorlen statt reinem Fruchtsaft sinnvoll. Kräuter- und Früchtetees sind mit Fruchtsaft gemischt oft viel schmackhafter.

Zwar ist der Faserstoffgehalt in Frucht- und Gemüsesäften gering, dennoch ist ihnen durch ihren Gehalt an Vitaminen, Mineralstoffen und sekundären Pflanzenstoffen ein gewisser Gesundheitswert nicht abzusprechen (Tipps zum Frucht- und Gemüsesaftkauf finden Sie in Kapitel 9). Es gibt unendlich viele Möglichkeiten, fünf oder mehr Portionen Gemüse und Obst in den persönlichen Speiseplan einzubauen. Und: Es ist nicht möglich, zu viel Gemüse und Obst zu essen! Nicht zu vergessen ist allerdings, dass auch Fleisch in Maßen, Fisch, Getreide- und Milchprodukte unerlässlich für eine gesunde und ausgewogene Ernährung sind und notwendige Nährstoffe liefern. Eine Ernährungsweise, die sich nur über Gemüse und Obst definiert, zieht schwere Mangelerscheinungen nach sich. Das Grundproblem ist oft nur, dass die Lebensmittelgruppe „Gemüse und Obst" nicht die Rolle im Speiseplan spielt, die ihr zusteht. Ihr Speiseplan für zwei Tage kann beispielsweise folgendermaßen aussehen:

Tag 1:
<u>Frühstück</u>: Müsli mit einem großen, klein geschnittenen Apfel oder anderem Obst (erste Portion)
<u>1. Zwischenmahlzeit</u>: 1 Banane oder 1 Mandarine oder 1 Hand voll Erdbeeren, oder, oder, oder... (zweite Portion)
<u>Mittagessen</u>: Zusätzlich zum Mittagessen eine Portion Salat
und eine Gemüsebeilage nehmen (dritte und vierte Portion)
<u>2. Zwischenmahlzeit</u>: Gemüse mit Dip (fünfte Portion)
<u>Abendessen</u>: Zusätzlich zum Abendessen ein Glas Gemüsesaft oder eine reichhaltige Dekoration zum (Vollkorn-) Brötchen (sechste Portion)

Tag 2:
<u>Frühstück</u>: Ein Brot mit Frischkäse und Tomaten (erste Portion)
<u>1. Zwischenmahlzeit</u>: 2 Karotten (zweite Portion)
<u>Mittagessen</u>: Gemüseeintopf (dritte Portion)
<u>2. Zwischenmahlzeit</u>: Quark mit frischem Obst, je nach Geschmack (vierte Portion)
<u>Abendessen</u>: Großer Salatteller mit gebratener Putenbrust,
Krabben oder Champignons (fünfte und sechste Portion)

Ein wichtiger Tipp am Ende: Zeit ist der wichtigste Begleiter einer ausgewogenen Mahlzeit! Parallelbeschäftigungen wie beispielsweise Lesen und Fernsehen gehören in keinem Fall dazu. Einer leckeren, frisch zubereiteten Mahlzeit gebührt die volle Aufmerksamkeit, erst dann bereitet sie wahre Freude. Die vielfältigen Geschmacksrichtungen von Gemüse und Obst herauszuschmecken und zu unterscheiden ist ein echtes Erlebnis. Küchenkräuter tun ihr Übriges dazu – jeden Tag können neue, interessante Kombinationen auftauchen. Die mediterrane Küche, die sich reichlich an Gemüse, Obst, Kräutern sowie Olivenöl bedient, holt das südländische Flair in die eigenen vier Wände. Ein Gefühl wie im Urlaub!

Reichen Gemüse und Obst tatsächlich aus, um den persönlichen Wirkstoffbedarf komplett abzudecken?
In Deutschland sind heute bereits 75 Prozent der Lebensmittel industriell be- und verarbeitet. Auch in deutschen Privatküchen wird oftmals zerkocht, was die ehemals gesunden „Grünlinge" hergeben. Hierdurch und durch andere externe Faktoren kann

sich ein Defizit an vielen lebensnotwendigen Wirkstoffen entwickeln. Eine ausreichende Versorgung mit bestimmten Nährstoffen wie beispielsweise Folsäure und Jod ist selbst bei Verzehr des „täglichen Kilogramms" fast unmöglich. Dies gilt vor allem für Personen mit erhöhtem Bedarf, beispielsweise Kinder und Jugendliche (aufgrund des Wachstums) sowie Senioren, kranke Personen, (Nahrungsmittel-) Allergiker, Schwangere, Stillende und Sportler. Neuesten Erkenntnissen zufolge haben auch Personen, die am metabolischen Syndrom leiden, aufgrund der Stoffwechselentgleisungen, die mit dem metabolischen Syndrom einhergehen, einen erhöhten Bedarf an Vitaminen, Mineralstoffen und sekundären Pflanzenstoffen (das metabolische Syndrom ist diejenige in den westlichen Industrienationen weit verbreitete Krankheit, die wegen der Symptome „Bluthochdruck", „erhöhter Blutzucker", „erhöhte Blutfette" sowie dem „bauchbetonten Übergewicht" umgangssprachlich auch „Tödliches Quartett" genannt wird). Realistisch ist ebenfalls zu sehen, dass die „5-am–Tag"-Kampagne laut der Nationalen Verzehrsstudie (NVS) nur von fünf bis zehn Prozent der Bevölkerung tatsächlich umgesetzt wird. Bedenkenswert ist, dass diese Kampagne ein **Minimum** von fünf Portionen (oder 600 Gramm) täglich fordert – wünschenswert sind aber, wie oben bereits erwähnt, ungefähr ein ganzes Kilogramm. Deswegen empfehlen Ernährungsexperten besonders Personen mit erhöhtem Bedarf oder denjenigen, die eine vollwertige Ernährung beispielsweise aus gesundheitlichen Gründen (beispielsweise wegen einer Lebensmittelallergie) nicht umsetzen können, eine zusätzliche Aufnahme von Vitaminen und Mineralstoffen durch Nahrungsergänzungsmittel. Nahrungsergänzungsmittel sind, wie das Wort bereits ausdrückt, nur als **Ergänzung** zu einer verantwortungsvollen, ausgewogenen Ernährung zu sehen und können diese keinesfalls ersetzen. Häufig nehmen Personen, die sich bereits bemühen, durch die richtige Lebensmittelauswahl eine optimale Versorgung mit Wirkstoffen für sich sicherzustellen, Nahrungsergänzungsmittel ein. Dies ist grundsätzlich positiv zu bewerten, jedoch ist eine Ergänzung für oben genannte Personengruppen mit einem erhöhten Bedarf deutlich wichtiger!

Übersicht: Durchschnittliche Versorgung der erwach-senen deutschen Bevölkerung mit verschiedenen Wirkstoffen

Vitamin	Prozentuale Zufuhr an Vitaminen in Bezug auf die Zufuhrempfehlungen
Vitamin D	77 Prozent
Pantothensäure	85 Prozent
Folsäure	61 Prozent
Vitamin C	114 Prozent
Vitamin A	158 Prozent

Mineralstoff	Prozentuale Zufuhr an Mineralstoffen in Bezug auf die Zufuhrempfehlungen
Jod	48 Prozent
Fluorid	21 Prozent
Calcium	83 Prozent
Eisen	124 Prozent
Natrium	549 Prozent

Der Einkauf, die Lagerung und die richtige Zubereitung von Gemüse und Obst
Der richtige Einkauf von Gemüse und Obst
Beim Einkauf von Gemüse und Obst ist prinzipiell immer auf Frische und Unversehrtheit zu achten, da beispielsweise Gemüse binnen 24 Stunden schon die Hälfte des Vitamingehaltes einbüßen kann. Regionalität ist meist ein Garant für eine große Menge und Vielfalt an wertvollen Inhaltsstoffen. Frisches, regionales Gemüse und Obst sollte also den Schwerpunkt des Speiseplans darstellen. Importware aus südlicheren Ländern bietet eine gute Ergänzung und erweitert das Angebot, hat aber auf dem Transport schon oft einen Großteil der wertvollen Inhaltsstoffe verloren. Leider sind die für die

gesunde, mediterrane Küche bedeutenden Fruchtgemüse wie Auberginen, Tomaten und Paprika auch oft Importprodukte, da sie in südlicheren Gebieten durch die Sonneneinstrahlung einfach besser gedeihen und schmecken. Dies bedeutet aber trotzdem nicht, dass der Verzicht darauf sinnvoll ist!

Es ist lohnend, sich auf dem Wochenmarkt oder beim Erzeuger selbst mit Gemüse und Früchten einzudecken. Die dort angebotene Frischware wurde oft erst morgens geerntet und ist noch reich an Vitalstoffen. Die Nachfrage nach Gemüse und Früchten aus biologischem Anbau steigt immer mehr. Der Kauf von jenen Früchten ist häufig auch die gesündere Alternative, da in konventionellem Anbau oft eine Behandlung mit Oberflächenbehandlungsmitteln gegen Pilz- und Schimmelbefall erfolgt. Diese können gesundheitsschädlich sein. Deswegen ist das gründliche Waschen vor dem Genuss von Gemüse und Obst grundsätzlich und immer Pflicht! Für die Herstellung von Fruchtsäften ist behandeltes Obst nicht zugelassen. Augen auf beim Gemüse- und Fruchtsaftkauf und Finger weg von Nektaren und so genannten Fruchtsaftgetränken! Sie haben niedrige Saftgehalte und damit weniger wertvolle Inhaltsstoffe und sind mit Wasser und Zucker gestreckt. Frischgepresster Saft ist natürlich ideal, ansonsten sind ausschließlich Säfte mit der Bezeichnung „100% Fruchtgehalt" oder „Direktsaft" zu empfehlen. Fruchtsäfte haben im Allgemeinen trotz der Bezeichnung „ohne Zuckerzusatz" einen hohen Anteil an fruchteigenem Zucker. Apfelsaft enthält beispielsweise 111 Gramm Zucker pro Liter, das entspricht etwa 490 Kilokalorien. Dies ist ein ähnlich hoher Wert wie in Colagetränken, weswegen Fruchtsäfte mit Vorsicht zu genießen sind. Eine bessere Alternative sind Gemüsesäfte. Sie sind zwar ebenso nahrungsfaserarm, aber sie enthalten viel Wasser und wenig Zucker und sind somit viel kalorienärmer. Frischgepresster Saft ist die gesündeste und beste Lösung, da alle Säfte durch die Verarbeitung viele wichtige Inhaltsstoffe verlieren können. Säfte mit der Aufschrift „milchsauer vergoren" unterstützen einen gesunden Verdauungsvorgang. Wichtig ist auch zu wissen, dass Tiefkühlgemüse und –obst aus ernährungsphysiologischer Sicht viel besser ist, als die Allgemeinheit oft annimmt. Das Haltbarmachen durch Blanchieren und anschließendes Schockfrosten hält den Verlust an Nährstoffen so gering wie möglich. Manche Mineralstoffe, die zu fest im pflanzlichen Zellgefüge verankert sind, als dass sie für die menschlichen Verdauungsenzyme herauslösbar wären, nimmt der Körper nach dem Gefriervorgang sogar sehr viel besser auf. Teilweise ist die Ausnutzbarkeit sogar um 70 Prozent erhöht! Dieses Phänomen macht den Tiefkühlvorgang durch die miteinhergehende Zerstörung des Zellgefüges möglich. Andere Vorteile dieser Methode sind in der Inaktivierung der Stoffe, die für den Vitaminabbau während der Lagerung verantwortlich sind, der Abtötung von Mikroorganismen, der leichteren Verdaulichkeit von Kohlenhydraten und der Zeiteinsparung durch Putzen, Schneiden, Waschen und kürzere Garzeiten zu sehen. Gärungsgemüse wie unter anderem Sauerkraut fördert durch die enthaltenen Milchsäurebakterien eine gesunde Darmflora.

Die sinnvolle Lagerung von Gemüse und Obst
Eine lange Lagerung ist für frisches Gemüse und Obst nicht verträglich. Alle Blattgemüse wie beispielsweise Salate, frischer Spinat oder Artischocken sind nur ungefähr zwei Tage im Kühlschrank haltbar. Kohl- und Wurzelgemüse wie Sellerie oder Karotten sind lagerungstechnisch etwas robuster und roh verzehrt ein Leckerbissen! Obst verliert ebenfalls mit jedem Lagerungstag mehr und mehr der gesunden Inhaltsstoffe. Die Ausnahme bilden hier nur Winterobstsorten wie beispielsweise Äpfel und Orangen. Die Aufbewahrung von Obst kann im Kühlschrank in dünnen Folienbeuteln erfolgen. Zu kalte Temperaturen können das besondere Aroma von Südfrüchten wie Ananas oder Bananen allerdings stark beeinträchtigen. In dunklen, kühlen Kellerräumen fühlen frische Früchte und knackiges Gemüse sich am wohlsten, wobei es von Vorteil ist, die beiden nicht in direkter Nachbarschaft zu lagern. Obst sondert das Gas Ethylen ab, welches den Reifungsprozess des Gemüses beschleunigt

und so die Gefahr eines schnelleren Verderbs begünstigt. Andersherum kann Obst einen unangenehmen Fremdgeschmack annehmen, wenn es direkt neben Gemüse lagert. Im Übrigen hält sich das Obst in Räumen mit hoher Luftfeuchtigkeit länger frisch. Leider reagieren besonders die Vitamine unterschiedlich empfindlich auf die Art der Lagerung, wie folgende Übersichten zeigen:

Übersicht: Vitaminverluste von Buschbohnen bei unterschiedlicher Lagerungsdauer, -temperatur und Luftfeuchtigkeit

Lagerungsdauer	1 Tag	2 Tage	3 Tage
Kühlschrank (4°C, 70 Prozent Luftfeuchtigkeit)	25 Prozent	36 Prozent	44 Prozent
Keller (12°C, 80 Prozent Luftfeuchtigkeit)	40 Prozent	43 Prozent	50 Prozent
Speisekammer (20°C, 50 Prozent Luftfeuchtigkeit	38 Prozent	44 Prozent	55 Prozent

Übersicht: Durchschnittliche Vitamin C-Verluste von Obst und Gemüse nach zwei Tagen

Aufbewahrungsort	Verluste
Kühlschrank	25 Prozent
Keller	35 Prozent
Speisekammer	45 Prozent

Die wirkstoffschonende Zubereitung von Gemüse und Obst

Bei der Zubereitung von Gemüse setzen schlaue Köche auf schonende Garverfahren, da die enthaltenen Vitamine zumeist unterschiedlich empfindlich gegenüber Sauerstoff, Hitze oder Wasser reagieren. Unter diesen Einflüssen verliert frisches Gemüse bis zu 50 Prozent der enthaltenen Vitalstoffe. Dämpfen mit einem Dämpfeinsatz, Dünsten, die Zubereitung in einem Römertopf oder einer Pfanne mit wenig Öl sowie das Grillen in Alufolie ist allemal vitaminschonender als das stundenlange „Totkochen" von Gemüse in einem Topf mit viel Wasser. Das Frittieren von Gemüse im Backteig ist vor allem in Großküchen eine beliebte Zubereitungsmethode, bedeutet aber sowohl für die Wirkstoffe als auch für die Idealfigur (aufgrund des hohen Fettgehaltes des frittierten Gemüses) auf lange Sicht den sicheren Tod. Die beliebteste Zubereitungsmethode der Chinesen ist Vorreiter der vitalstoffschonenden Küche: im Wok gegartes Gemüse landet knackig auf dem Teller: Augen, Zähne, Geschmacksnerven und der Verdauungsapparat sind hier gefordert! Folgende Übersicht zeigt die durchschnittlichen Kochverluste der Vitamine:

Vitamin	Kochverlust
A	10 bis 30 Prozent
D	gering
E	50 Prozent
K	gering
B_1	30-50 Prozent
B_2	bis zu 50 Prozent
B_6	bis zu 40 Prozent
B_{12}	ca. 12 Prozent
Folsäure	bis zu 90 Prozent
Niacin	bis zu 30 Prozent
Pantothensäure	bis zu 45 Prozent
Biotin	bis zu 70 Prozent

Ständiges Umrühren, das ebenfalls zu immensen Vitaminverlusten führt, ist bei einer moderaten Temperatur nicht notwendig. Die in Gemüse und Obst natürlich vorkommende Substanz Peroxidase, die in der Temperaturspanne zwischen 40°C und 70°C reichlich Vitamin C abbaut, ist in kochendem Wasser nicht mehr aktiv. Deswegen ist es vorteilhafter, Gemüse und Obst direkt in das kochende Wasser zu geben, wo die Peroxidase direkt inaktiviert wird. Nach dem Kochen von Gemüse ist es sinnvoll, das Kochwasser zur Zubereitung einer Sauce oder zur Herstellung einer Gemüsebrühe zu verwenden, da in diesem Wasser häufig noch viele wasserlösliche Vitamine vorhanden sind. Eine leichtere Verdauung von schwerverdaulichen Kohlarten lässt sich durch eine fettarme Zubereitung und Kümmelzugabe erreichen. Zur Reduktion von Schadstoffbelastungen ist besonders bei Gemüse mit gekräuselter Oberfläche ein gründliches Waschen unerlässlich. Gemüse und Obst mit glatter Oberfläche wie beispielsweise Tomaten oder Gurken, die nach dem Waschen mit einem Tuch abgerieben werden, enthalten nur noch minimale Schadstoffbelastungen. Das Entfernen der äußeren Blätter von geschlossenem Gemüse wie Kohl oder Eisbergsalat trägt grundlegend zur Reduktion der Schadstoffbelastung einer Mahlzeit bei. Das Waschen sollte ergo gründlich, aber nicht zu lange erfolgen. Das Einweichen von zekleinertem Gemüse und Obst sorgt dafür, dass sich unzählige Inhaltsstoffe ins Einweichwasser verabschieden – und dies ist ja keinesfalls im Sinne des schlauen Essers! Sofortiger Verzehr von klein geschnittenem Obst ist zur Vermeidung von Vitaminverlusten vorteilhaft. Das Überträufeln von Obst mit Zitronensaft und die Aufbewahrung im Kühlschrank ist sinnvoll, wenn bis zum Verzehr der leckeren Früchte noch einige Zeit vergeht. Der Zitronensaft hemmt das durch Oxidation hervorgerufene Braunwerden des Obstes, liefert zusätzliches Vitamin C und wirkt keimtötend. Warmhalten von Gemüse führt zu drastischen Einbußen an wertvollen Inhaltsstoffen.

Die Saisonkalender für Gemüse und Obst

Eine Ernährungsumstellung im Sinne des „täglichen Kilogramms" ist für jeden Menschen nur von Vorteil. Bei genauem Nachdenken ist der Verzicht auf ein gesundes, aktives Leben mit Gemüse und Obst sogar grob fahrlässig, denn jeder trägt Verantwortung für die eigene Gesundheit. Gemüse und Obst ist so vielseitig: Es bietet unendlich viele neue Kombinationen, die herausgefunden und probiert werden wollen. Es wird garantiert nicht langweilig- als Anregung könnte eventuell auch ein vegetarisches Kochbuch hilfreich sein. Viele derartige Kochbücher geben auch Tipps für Nicht-Vegetarier zur Kombination der Rezepte mit Fleischprodukten. Ebenfalls im Handel erhältlich sind verschiedene Gemüse-Kochbücher. Dabei ist immer darauf zu achten, Produkte der Saison zu verwenden, denn sie schmecken letztlich am besten und enthalten die meisten Vitalstoffe.

Saisonkalender für Gemüse

Jahreszeit	Winter			Frühling			Sommer			Herbst		
Monat	1	2	3	4	5	6	7	8	9	10	11	12
Gemüseart												
Blumenkohl						*	*	*	*	*		
Bohnen, grüne						*	*	*	*	*		
Brokkoli												
Chinakohl								*	*	*	*	
Endivie												
Erbsen						*	*	*				
Feldsalat												
Gemüsefenchel									*	*		
Grünkohl												
Gurken						*	*	*	*			
Kohlrabi					*	*	*	*	*	*		
Kohlrüben												
Kürbis	*								*	*	*	*
Lauch							*	*	*	*	*	
Mangold												
Mohrrüben						*	*	*	*	*		
Paprika							*	*	*	*		
Pastinaken												
Pflücksalat					*	*	*	*	*	*		
Radieschen					*	*	*	*	*	*		
Rettich							*	*	*	*		
Rosenkohl	*									*	*	*
Rote Bete												
Rotkohl												
Schwarzwurzeln												
Spargel				*	*	24.						
Spinat			*	*	*	*		*	*	*		
Tomaten							*	*	*	*		
Weißkohl					*	*			*	*	*	
Wirsing												
Zucchini						*	*	*	*	*		
Zwiebel						*	*	*	*	*		
Monat	1	2	3	4	5	6	7	8	9	10	11	12

Saisonkalender für Obst

Jahreszeit	Winter			Frühling			Sommer			Herbst		
Monat	1	2	3	4	5	6	7	8	9	10	11	12
Obstart												
Äpfel	*	*	*	*	*	*	*	*	*	*	*	*
Aprikosen												
Avocados												
Bananen												
Birnen	*								*	*	*	*
Brombeeren												
Clementinen												
Erdbeeren					*	*						
Grapefruit												
Heidelbeeren												
Himbeeren												
Johannisbeeren						*	*	*				
Kirschen						*	*	*	*			
Kiwis												
Mirabellen												
Orangen												
Pfirsiche												
Pflaumen							*	*	*	*		
Preiselbeeren												
Quitten												
Stachelbeeren												
Weintrauben						*	*	*	*	*	*	
Zitronen												
Monat	1	2	3	4	5	6	7	8	9	10	11	12

* in Monaten mit diesem Kennzeichen hat auch das Gemüse und Obst aus heimischem Anbau Saison!

Literatur

1.) Amadò R: Nahrungsfasern und Präbiotika- Schutzstoffe wofür? In: Früchte und Gemüse- unerlässlich für unsere Gesundheit. Schweizerische Vereinigung für Ernährung, Bern, 1. Auflage, 2002: 81- 92

2.) Behr B: Prävention: Die Natur als Vorbild, Anschrift der Autorin: Dr. Barbara Behr, Beratungs- und Vortragsdienst GESUNDES LEBEN, Erlastrut 4, 91355 Hiltpoltstein

3.) Beitz R, Mensink GBM, Fischer B, Thamm M: Vitamins- dietary intake and intake from dietary supplements in germany. European Journal of Clinical Nutrition 2002, 2002 (56): 543

4.) Deutsche Gesellschaft für Ernährung (DGE) e.V. (Hrsg.): Ernährungsbericht 2000. Frankfurt a. M., 2000: 48- 49

5.) Deutsche Gesellschaft für Ernährung (DGE) e.V. (Hrsg.): Ernährungsbericht 2004. Bonn, 2004: 43, 48, 61 – 66, 237 – 238

6.) Eichholzer M: Sind Früchte und Gemüse gesund? In: Früchte und Gemüse- unerlässlich für unsere Gesundheit. Schweizerische Vereinigung für Ernährung, Bern, 1. Auflage, 2002: 7- 21

7.) Hofmann L: Obst und Gemüse zur Krebsprävention. Ernährung im Fokus 2003, 3(04): 99- 105

8.) Homepage des Bundesministeriums für Ernährung, Landwirtschaft und Forsten (BMELF): Gemüseverbrauch in Deutschland 2001/ 2002 leicht zurückgegangen.

http://www.verbraucherministerium.de/pressedienst/pd2002-27.htm, 05.07.2002

9.) Homepage der International Agency for Research on Cancer: Cancer Databases. European Prospective Investigation into Cancer an Nutrition. Key findings. http://www.iarc.fr/epic/sup-default.html, 30.08.2005

10.)Homepage des statistischen Bundesamtes Deutschlands: Gestorbene nach Todesursachen. http://www.destatis.de/basis/d/gesu/gesutab19. php, 30.08.2005

11.) Homepage JuicePlus+®: JuicePlus+® Forschung. Studienüberblick. www.juiceplus.ch/wm=m%28126%29sp%28%2D1% C41 %2C138%29, 30.08.2005

12.) Homepage: Kochverluste verschiedener Vitamine. www.welt-dervitamine.de/cda/ci/text/show_print/0,1922,10843,00.html, 23.12.2003

13.) Homepage des REWE-Großverbraucherservice: Vitamin C – Verluste von Buschbohnen/ durchschnittliche Vitamin C-Verluste von Obst und Gemüse bei verschiedenen Lagerungstemperaturen, und – dauer. www.rewe-gvs.de/infothek/dep0/356.html, 23.12.2003

14.) Inserra PF: Immune function in elderly smokers and non-smokers imporves during supplementation with fruit and vegetable extracts, Integrative Medicine, 1999. Vol.2, No.1

15.) Maid- Kohnert U (Red.): Lexikon der Ernährung. Spektrum Akad. Verlag, Heidelberg, Berlin, 2001, Band 1: 413, 148- 149

16.) Müller SD: Kalorienampel. Knaur Ratgeber Verlage, München, 2003

17.) Müller SD, Raschke K: Das Kalorien- Nährwert- Lexikon. Schlütersche GmbH & Co. KG, Hannover, 2003: 21, 23, 25, 28, 29, 33, 34, 38, 41

18.) NSA AG © (I/2005): Fachforum Newsletter. Ausgabe 1 Winter 2005

19.) Panunzio M.F.: Supplementation with fruit and vegetable concentrate decreases plasma homocysteine level s in a dietary controlled trial, Nutrition Research, 2003, Vol. 23, Iss. 9: 1143-1296

20.) Pittelkow C: Es lebe die Gemüseküche. GV-KKA 2003, 6: 28-35

21.) Plotnick G.D.MD: Effect of supplemental phytonutrients on impairment of the flow-mediated brachialartery vasoactivity after a single high-fat meal, Journal of the American College of Cardiology (JACC), 2003, Vol. 41, Iss. 10: 1744-1749

22.) Rösler D, Müller SD, Mann H: Vitaminversorgung in Deutschland - Eine Übersicht. Ernährung und Medizin 2003, 18(S2): 7-11

23.) Samman S.: A Mixed Fruit and Vegetable Concentrate Increases Plasma Antioxidant Vitamins and Folate and Lowers Plasma Homocysteine in Men, Journal of Nutrition (American Society for Nutitional Sciences), 2003, Vol. 133, Iss. 7: 2188-2193

24.) Stanger O, Herrmann W, Pietrzik K et al.: Konsensuspapier der D.A.CH.- Liga Homocystein über den rationellen Umgang mit Homocystein, Folsäure und B- Vitaminen bei kardiovaskulären und thrombotischen Erkrankungen- Richtlinien und Empfehlungen. Journal für Kardiologie 2003, 10(5): 2- 10

25.) Smith MJ: Supplementation with fruit and vegetable extracts
may decrease DNA damage in the peripheral lymphocytes of an
elderly population, Nutrition Research, 1999, Vol.19, No. 10
26.) Zerbst M (Red.): Der Brockhaus: Ernährung. F.A. Brockhaus
GmbH, Leipzig, Mannheim, 2001: 29, 31, 32-35, 43, 56, 57, 75,
104, 145, 262-266, 293, 344, 347, 350, 434, 441, 502-503,
518, 520, 522-523, 583, 655, 659, 661-663

Literatur:
Die 50 besten und die 50 gefährlichsten Lebensmittel, Sven-David Müller, Schlütersche
Verlagsgesellschaft mbH
Diätetik und Ernährungsberatung, Haug Verlag, 2011
Das Kalorien-Nährwert-Lexikon, Schlütersche Verlagsgesellschaft, 2006

Autor:
Sven-David Müller, M.Sc., Diätologe, Diabetesberater DDG, Zentrum und Praxis für
Ernährungskommunikation, Diätberatung und Gesundheitspublizistik (ZEK),
Haddamshäuser Weg 4a, 35096 Weimar an der Lahn, www.svendavidmueller.de

Autor: Sven-David Müller hat nutritive Medizin studiert und sein Studium als Master of
Science (M.Sc.) in Applied Nutritional Medicine (Angewandte Ernährungsmedizin)
abgeschlossen. Er ist Diätologe und Diabetesberater. Im Alter von 6 Jahren erkrankte er
an Diabetes mellitus und dieses Ereignis prägte seinen Berufsweg. Im Jahr 2005 verlieh
im der damalige Bundespräsident Horst Köhler das Bundesverdienstkreuz. Er ist
Vorstandsvorsitzender des Deutschen Kompetenzzentrum Gesundheitsförderung und
Diätetik. Sven-David Müller ist verheiratet und lebt in Weimar an der Lahn.